MÉMOIRE

SUR

LA POSSIBILITÉ D'AMÉLIORER

LES CHEVAUX EN FRANCE,

ET

PLAN D'ASSOCIATION

AYANT CETTE AMÉLIORATION POUR OBJET.

Ouvrage approuvé par la Société Royale d'Agriculture.

Par M. FLANDRIN, Directeur-Adjoint de l'École Royale Vétérinaire d'Alfort, ci-devant Directeur de celle de Lyon.

A PARIS,

DE L'IMPRIMERIE ROYALE.

M. DCC. XC.

AVANT-PROPOS.

J'ADRESSAI l'année dernière aux Auteurs du Journal, une lettre insérée dans la feuille du 16 août, au sujet de deux Chevaux Arabes propres à faire des étalons, & qui étoient à vendre.

Après y avoir annoncé ces animaux, j'invitai les amateurs à se réunir pour en faire l'acquisition, à l'effet de les destiner à en former en France une espèce supérieure de Chevaux, & je crus devoir à cette occasion, faire connoître les utiles associations qui existent en Angleterre sur cet objet.

Il est certain que si, à l'époque où ces Chevaux d'Arabie arrivèrent à Paris, il y eût eu dans cette Capitale une réunion d'amateurs associés, telle qu'il en existe chez nos voisins, ces animaux ne seroient pas restés ignorés pendant plus de six mois qu'ils y ont séjourné, & que nous les posséderions, à moins qu'à l'examen on n'eût trouvé de justes motifs de les rejeter.

Entraîné par le sentiment intime des avantages de cette réunion, j'en proposai l'exemple ; & cette idée d'association m'ayant paru accueillie par beaucoup de personnes, j'essaye aujourd'hui de lui donner le développement qui lui est né-cessaire pour commencer à la mettre à exécution.

Quelque soin que j'aie porté dans la rédaction de cet écrit, je suis éloigné de croire qu'il ait le degré de perfection dont il peut être susceptible. Il est peut-être impossible d'offrir dans un Essai de la nature de celui-ci, des données certaines & invariables, & il me suffit de proposer à l'émulation publique, un sujet d'amélio-ration praticable, d'exposer un projet qui réunisse les conditions essentielles & néces-saires pour être mis à exécution ; enfin, d'en faire connoître les principaux avantages.

Pour prévenir tout reproche d'innova-
tion de ma part, & pour éviter celui de
m'approprier des idées propofées en France
par d'autres perfonnes, j'obferverai que
je ne fuis pas le premier qui ait penfé à
tranfporter dans le Royaume, relativement
au Cheval, lesAffociations qui ont lieu pour
cet objet en Angleterre ; j'y ai feulement
donné une forme par laquelle je les crois
plus propres à remplir tous les objets qu'on
doit avoir en vue dans leur inftitution.
On trouve des traces de ces idées
d'Affociation dans plufieurs ouvrages qui
ont paru de nos jours fur les haras.
Feu M. Bourgelat , dans la folution de
plufieurs queftions relatives aux races des
Chevaux, inférées dans le Journal d'Agriculture du mois de feptembre 1778 ,
applaudit aux Affociations qui ont pour
objet des foufcriptions d'encouragement
pour les Chevaux, & il dit : « En 1776
« les Soufcripteurs de l'une d'elle étoient
« au nombre de 974, à la tête defquels

« étoient 12 Lords-Ducs, & 54 autres
« Lords; le reste étoit formé d'un nombre
« de particuliers intéressés à la gloire &
« au succès de la Nation. »

Si les questions d'où ce passage est tiré
n'étoient pas imprimées dans un ouvrage
facile à avoir, je n'aurois pas résisté au
désir de les placer à la suite de cet Essai,
avec lequel elles ont, par leur objet, une
identité parfaite.

Nota. *Le rapport de la Société Royale
d'Agriculture, sur le Mémoire dont il s'agit,
renfermant un extrait de ce Mémoire propre
à en donner un premier aperçu, nous avons
cru devoir le placer avant cet ouvrage.*

EXTRAIT DES REGISTRES

de la Société Royale d'Agriculture.

Du 22 Mai 1789.

La Société nous ayant chargé, M. Chabert & moi, d'examiner un Mémoire fur les moyens d'améliorer les Chevaux en France, par M. FLANDRIN, Directeur-Adjoint des Écoles Vétérinaires, nous allons lui rendre compte de cet ouvrage.

Il eft divifé en quatre parties.

On démontre dans la première la poffibilité de former en France des Chevaux auffi beaux & auffi bons que ceux que nos voifins nous fourniffent.

La feconde eft deftinée à développer les moyens à mettre en pratique pour élever nos Chevaux au degré de fupériorité où ils parviennent en Angleterre.

La troifième traite des dépenfes qu'occafionneroient les établiffemens néceffaires pour l'emploi de ces moyens, & de la manière de pourvoir à ces dépenfes.

A iv

La quatrième enfin, eſt le réſumé des avantages généraux & particuliers qui réſulte-roient de l'exécution des projets propoſés pour opérer & perpétuer cette amélioration.

Après avoir prouvé dans la première partie, que la France produiſoit jadis des Chevaux auſſi excellens que les meilleurs Chevaux alors connus, & ſouvent même préférés à ces derniers, l'Auteur, en recherchant la cauſe de la ſupériorité actuelle des Chevaux étrangers en qui elle exiſte, ſur ceux de notre ſol, reconnoît & démontre par des exemples, que cette ſupériorité des Chevaux étrangers ſur ceux de France, eſt dûe aux ſoins qu'on apporte dans le choix des mâles & des femelles deſtinés à la propagation, ainſi qu'à des méthodes de régime & d'éducation favorables au développement des poulains; & que c'eſt à l'oubli de ces ſources eſſentielles de la perfection du Cheval, qu'il faut attribuer la médiocrité des Chevaux de France, généralement reconnue de nos jours.

Pour donner à ces verités un plus haut degré d'évidence, M. Flandrin, en développant les faits qui prouvent ces vérités, combat l'opinion de pluſieurs perſonnes, qui eſt que toute tentative d'améliorer le Cheval en France eſt inutile, parce que c'eſt à l'influence du climat qu'il faut attribuer l'excellence ou la médiocrité de cet animal ; & pour y parvenir , il compare des Chevaux indigènes d'Angleterre qui n'ont fouffert aucun mélange avec des Chevaux étrangers , à des Chevaux de France également indigènes , de même efpèce , conduits femblablement, & il établit dans le même deffein la caufe de la perfection des autres Chevaux d'Angleterre.

Ces diverfes affertions de l'Auteur , nous paroiffent fuffifamment démontrées pour l'objet de ce Mémoire , & elles ne fouffrent aucune objection de notre part ; nous fommes au contraire perfuadés par l'expérience , que la France produit naturellement de bons Chevaux ; nous favons , par des épreuves affez répétées pour ne nous laiffer aucun doute , quel eft le pouvoir de l'influence d'une bonne éducation & du choix dans les animaux qu'on deftine à la propagation. Nous fommes convaincus que par ces moyens, on obtiendroit les Chevaux les plus perfectionnés fous tous les rapports.

Nous obferverons avec l'Auteur , que la France, par les températures différentes de fon climat , & les fituations très-variées de fon fol , réunit à ce premier avantage , celui de former des Chevaux de toutes les efpèces , & des plus parfaitement adaptés pour tous les genres de fervice. Nos Chevaux de labour , d'artillerie, de charrois ne laiffent rien à défirer. Que ne pourroit-on pas dire des avantages propres aux Chevaux d'un grand nombre de nos provinces! Nos Chevaux de carroffe Normands acquièrent au plus haut degré toutes les qualités qu'on exige pour ce genre de fervice. La province qui donne ces Chevaux de carroffe en élève auffi d'excellens pour le charrois , ainfi que des Chevaux de felle pleins de force & de courage. Ces deux dernières efpèces feroient pour toute forte d'armes, les meilleurs Chevaux de guerre connus ; & la province qui les produit (la Normandie) fuffiroit feule pour fournir toute la cavalerie de France.

Pour parvenir à l'amélioration à effectuer, l'Auteur propofe dans la deuxième partie les moyens dont il a reconnu l'importance dans la première , & ces moyens font le choix des pères & des mères, & l'éducation des poulains.

Mais fon deffein en les indiquant , n'eft pas de les confidérer feulement en eux-mêmes, c'eft-à-dire , eu égard à leur pratique , pour produire un grand nombre d'animaux fupérieurs; il les confidère auffi relativement à ce qui peut en rendre l'ufage général.

Ainfi, envifageant les voies de perfection dont

il s'agit fous le premier point de vûe , on raffembleroit un nombre fuffifant de mâles & de femelles éprouvés, pour en tirer race, & on réuniroit affez d'étalons fupérieurs, également éprouvés , pour fournir au faut d'un grand nombre de jumens.

S'attachant à l'examen de ces moyens, relativement à ce qui peut en rendre l'ufage général , l'Auteur penfe que la voie la plus certaine d'y parvenir feroit,

1.° La réunion des amateurs de Chevaux en une Affociation qui s'occuperoit de la pratique de ces moyens.

2°. D'infpirer le fentiment de la conviction de leurs avantages , en rendant publique la pratique qu'ils en feroient, & en l'accompagnant de tout ce qui peut en démontrer la certitude.

L'Auteur propofe, à cet effet, l'épreuve faite publiquement des animaux mis en propagation, celle de leurs productions, ainfi qu'un Journal publié à des époques fixes , contenant les alliances, les épreuves, les méthodes d'éducation mifes en pratique , &c.

3.° Enfin , pour faire naître le fentiment intime de l'avantage de ces moyens , l'Auteur les lie avec tous ceux qu'on peut employer pour démontrer leur utilité, en joignant le précepte à

l'exemple. Ces derniers moyens font le développement des principes qui fervent de règle
pour le choix à faire des mâles & des femelles,
& dès-lors de tout ce qui peut donner une connoiffance raifonnée de la ftructure extérieure
du Cheval, des bafes du régime, des règles
à fuivre pour les exercices, de tout ce qui peut,
en un mot, affurer dans tous les temps la confervation de cet animal précieux.

L'enfemble de toutes ces chofes nous paroît
embraffer tout ce qui peut concourir, de la
manière la plus méthodique & la plus facile
en même temps, à l'objet propofé, & il en
réfulte un corps de doctrine que chaque amateur
ou propriétaire de Chevaux devroit poffeder :
auffi penfons-nous que les établiffemens qui
réfulteront de la réunion de toutes les voies
d'améliorer le Cheval, énoncées dans ce Mémoire, ainfi que l'Affociation dont ils feroient
l'ouvrage, favoriferoient fingulièrement les
progrès de la fcience qu'ils auroient pour objet.
Les amateurs inftruits auroient les plus grandes
facilités pour conferver les connoiffances qu'ils
poffèdent, & ceux qui voudroient acquérir des
lumières, y trouveroient à cet effet des fecours
commodes & fûrs.

Pour fubvenir aux dépenfes qu'exige l'exé-

(13)

cution des chofes énoncées, l'Auteur du Mémoire établit dans la troifième partie une
foufcription formée par les Membres de l'Affociation. Cette foufcription confifte en une
fomme déterminée, une fois donnée & fournie
dans les neuf premières années. Cette fomme,
en fuppofant un nombre de foufcripteurs qu'il
nous paroît poffible d'efpérer, doit fuffire pour
fonder les établiffemens & pour les entretenir à
perpétuité.

A la fuite de la foufcription, eft un aperçu
des dépenfes foncières & des dépenfes annuelles.
On voit après comment la fomme qui réfulte
de cette foufcription peut fuffire aux unes &
aux autres ; l'emploi qu'il paroît convenable à
l'Auteur de faire des produits qui réfulteront
des expériences de propagation & d'éducation,
emploi qui confifte à les diftribuer annuelle-
ment au fort à MM. les foufcripteurs d'une
manière régulière & permanente ; enfin, l'Auteur
défire que l'adminiftration des fonds de cette
fociété d'émulation foit l'ouvrage de l'Affociation
même, & que l'état en foit publié dans le Journal
mentionné.

En parcourant les tableaux que nous venons
d'indiquer, on ne peut s'empêcher de recon-

noître que la fomme demandée eft très-modique pour fa deftination ; &, pour y fuffire, elle doit être employée avec l'économie qu'infpire l'efprit d'ordre & le fentiment de faire le bien : auffi approuvons-nous tout ce que comprend cette troifième partie, foit eu égard à la nature & à la deftination de chacune des chofes qui y font énoncées, foit eu égard à la manière d'y fatisfaire.

L'expofé des avantages qui réfultent de l'exécution du projet dont nous venons de rendre compte, termine ce Mémoire & en forme la quatrième partie.

Il eft aifé de juger par ce que nous venons de dire, que ces avantages feront la perfection & la plus grande communication de toutes les lumières relatives à la confervation du Cheval ; de répandre & de rendre d'un ufage général la pratique de tout ce qui peut ameliorer cet animal ; d'infpirer le goût de cette amélioration en en faifant fentir la néceffité par l'exemple de la fupériorité des animaux qui en auront été l'objet, & en prouvant qu'elle eft profitable par les avantages que procure la foufcription à ceux qui l'auront formée, puifque loin d'être un facrifice de leur part, elle leur deviendra lucrative.

1°. Chaque foufcripteur conferve la propriété de fes avances.

2.° Il a la liberté de la tranfmettre, comme toute autre propriété, à des conditions qui paroiffent juftes, & qui, ainfi que la publicité de toutes les opérations de la fociété, préfervent, autant qu'il eft poffible, les valeurs réelles des foufcriptions, des menées fourdes & des effets défaftreux de l'agiotage.

3.° Il jouit du droit de faire couvrir tous les ans une jument par un des étalons de l'établiffement. Les différences qui exiftent néceffairement entre les qualités des étalons, donnent lieu à des diftinctions dans le prix du faut, qui nous ont paru auffi juftes que bien établies.

4.° D'avoir part à la diftribution régulière & perpétuelle des produits du haras. Par la manière dont on y procédera, ces produits feront fucceffivement pour chaque foufcripteur un rembourfement entier de la foufcription, fans aucun préjudice de fes droits.

Il eft plufieurs autres avantages relatifs à l'amélioration à produire & qui y concourent, qui font tous d'une véritable importance en eux-mêmes pour les foufcripteurs, & auxquels nous croyons devoir d'autant plus applaudir, qu'on ne voit point dans la difpofition générale &

particulière du plan dont il s'agit, un objet de spéculation de la part de l'Auteur, qui ne pourroit avoir d'autre droit dans l'exécution de ce plan, que celui de souscrire comme tout autre particulier.

Nous finissons ce rapport par conclure que le plan développé dans ce Mémoire, nous paroît autant convenir dans son ensemble que dans ses parties, au but qui en est l'objet ; que rien ne supplée parmi nous, aux établissemens qui y sont proposés, & que ces établissemens seroient cependant de la plus grande utilité ; que leur formation nous paroît digne de l'Association dont l'Auteur donne l'exemple à l'imitation de celles qui existent en Anglèterre pour la même fin : nous pensons même que pour remplir leur destination, il faut que ces établissemens soient l'ouvrage de ces Associations, & le résultat de la réunion des intérêts particuliers. Nous croyons en conséquence que le Mémoire dont il s'agit, est digne de l'approbation de la Société.

Signé CHABERT, CRETTÉ DE PALLUEL.

Je certifie cet Extrait conforme à l'original & au Jugement de la Société. A Paris, ce premier Août 1789. BROUSSONET, *Secrétaire perpétuel.*

MÉMOIRE

MÉMOIRE

SUR

LA POSSIBILITÉ D'AMÉLIORER

LES CHEVAUX EN FRANCE,

ET

PLAN D'ASSOCIATION

AYANT CETTE AMÉLIORATION POUR OBJET.

Hîc generofus honos , hîc gloria major equorum.

OVIDE.

DE tous les animaux que l'homme affervit pour fon ufage , le Cheval eft le plus beau, le plus utile peut-être , & celui dont l'utilité même lui procure les agrémens les plus vifs & les plus nombreux. Ses formes nobles & hardies , la grâce & l'élégance de fes contours,

B

la cadence, l'harmonie de ses mouvemens, sa dignité, sa fierté, lui donnent un port majestueux & superbe. Plein de docilité, de force & de courage, il se prête à des efforts lents & pénibles ; suffisant à des actions trides & vigoureuses, il entraîne rapidement des chars : l'homme est un fardeau léger sous lequel il déploie avec adresse & précision des ressorts souples & nerveux, des élans sûrs & rapides ; ou, plus libre dans son effort, comme échappé dans la carrière, il s'emporteroit bientôt au-delà des desseins, & même des espérances de son guide, si le frein ne modéroit sa fougue impétueuse & son ardeur inépuisable.

Ces qualités éminentes ont porté de tout temps les hommes à s'occuper d'un si bel animal, avec cet intérêt pressant qu'excite la passion même. Tel est encore de nos jours le pouvoir & l'étendue du charme qu'inspire sa possession, que, chez des peuples entiers, il va jusqu'à l'enthousiasme ; & il est incertain d'assurer que les attentions infinies dont il est pour eux l'objet, ont plutôt pour motif les services essentiels qu'ils en retirent, que les plaisirs qu'il leur procure.

Placés au milieu de ces peuples, nous sommes également jaloux de profiter des nombreux avantages dont cet animal eft la fource, & je le vois auffi indifpenfable à nos befoins, que né- ceffaire à nos plaifirs. Cependant, l'attachement qu'il fait naître parmi nous, loin d'être un fentiment profond & illimité, n'eft qu'un goût dominant qui fe perpétue le même par la force impérieufe du befoin : auffi fe borne-t-il à la recherche des animaux de cette efpèce, qui joignent à la beauté, à la grâce extérieure, la force & le courage qui les rendent des Chevaux excellens.

Le difcernement heureux qui nous guide dans le choix de ces animaux, peuple nos villes d'un grand nombre de Chevaux fupérieurs ou diftingués, & généralement très-bons : s'ils étoient nos propres élèves & le produit de nos campagnes, la France feroit le royaume qui fourniroit le plus de Chevaux, & il feroit encore un de ceux qui en fourniroit des plus eftimés.

Mais, il faut en convenir, ceux qu'on diftingue dans cette foule d'animaux choifis, font la plupart des Chevaux qui nous viennent de l'Étranger.

Si nous comparons ces animaux exotiques à ceux de notre propre fol, eu égard à leurs dehors plus ou moins réguliers ou flatteurs,

au degré plus ou moins grand de viteſſe &
de courage des uns ou des autres, nous ſommes
forcés d'avouer que ces derniers, c'eſt-à-dire,
les Chevaux de France, ne ſont pas ceux
qu'on doit préférer, & que ceux de ces animaux
qui joignent à la grâce, à la véritable beauté,
la ſtructure régulière & ſolide qui promet des
qualités très-ſupérieures, y ſont rares.

Cet aveu d'une infériorité ſi marquée, pourroit
d'abord faire craindre que la France ne pût
produire que des Chevaux médiocres; ces
premières apparences pourroient même le per-
ſuader peut-être; mais c'eſt une erreur, & la
perſuaſion contraire où je ſuis, qu'il eſt poſſible d'avoir en France des Chevaux auſſi
excellens que ceux que nous recherchons chez
les étrangers, le deſſein que je forme de pro-
poſer des moyens pour y parvenir, m'engagent
à la combattre.

Je conſidérerai donc d'abord, avant de pro-
céder à l'expoſition de ces moyens, s'il eſt
poſſible de former en France des Chevaux auſſi
parfaits que ceux qui exiſtent dans les autres
pays; après quoi je développerai ces moyens, &
j'en réſumerai finalement tous les avantages.

I.

Possibilité d'améliorer le Chevaux.

SI la France ne pouvoit produire de nos jours que des Chevaux médiocres, il eſt certain qu'il en eût été de même dans tous les temps : on n'eût parlé des Chevaux de France que défavantageuſement, ou on eût gardé à leur égard un ſilence profond.

Céſar en fait cependant l'éloge dans pluſieurs endroits de ſes Commentaires.

Apulée recommande les Jumens des Gaules, pour en tirer race, & il aſſure qu'en les alliant à des Chevaux courageux & diſtingués, on en obtient des productions auſſi belles que bonnes.

Hiéronyme dit, en parlant des Romains, qu'ils ſe ſervoient des Chevaux des Gaules dans leurs parties de plaiſir ; il vante la cavalerie Gauloiſe comme la plus eſtimée, & cite les Gaulois comme les meilleurs hommes de cheval.

Juſtin, qui floriſſoit ſous *Antonin-le-Pieux*, dit que la Gaule fourniſſoit une eſpèce de Chevaux qui ne pouvoit être comparée à aucune autre pour la viteſſe.

Horace confirme cette aſſertion, lorſqu'il dit que des mors très-durs ſont impuiſſans pour modérer la viteſſe des Chevaux Gaulois : *Gallica nec lupatis temperat ora frenis*. Le même poëte paroît encore appuyer le ſentiment d'*Hiéronyme*, lorſqu'il dit que les Gaulois amenèrent à *Céſar* deux mille Chevaux frémiſſans: *Ad hunc frementes verterunt bis mille equos Galli canentes Cæſarem*.

Les Chevaux Gaulois étoient regardés comme très-robuſtes, & *Végèce* les recommande pour tels: *La Bourgogne*, dit-il, *fournit des Chevaux qui réſiſtent aux mauvais traitemens.*

La Gaule enfin étoit vulgairement appelée le paradis des hommes, & l'enfer des Chevaux.

Nous ſavons qu'à des époques plus rapprochées de nous, les Croiſades peuplèrent la France de Chevaux d'Arabie. La ſupériorité étonnante de ces animaux, reconnue des Croiſés, les détermina ſans doute à en perpétuer les eſpèces dans leurs domaines, & à en former la ſouche de leurs Chevaux.

Alors les haras des Dauphins fournirent des Chevaux célèbres par leur beauté, leur viteſſe & leur courage.

Alors les qualités des Chevaux d'Arabie, aſſociées à celles de nos propres eſpèces, formèrent en France des Chevaux juſtement admirés (1)

______

(1) Les Chevaux qui les remplacent aujourd'hui, atteſtent

& dont les auteurs contemporains nous ont laiffé de parfaits éloges.

Aujourd'hui même encore,

Le Normand a de la franchife, de la folidité, de la grâce, du fond : il a de l'égalité dans fon action ; il eft le même au départ & quand il ceffe de s'exercer ; fa gaîté eft douce, fon naturel eft difpofé à l'obéiffance, fon caractère eft uniforme, & cet animal, d'un fervice précoce, fournit encore à des travaux confidérables dans un âge avancé.

Le Limoufin a plus de feu & plus de vivacité que celui-ci ; il eft léger, brillant, tride, développé, fon courage eft inépuifable : Ce Cheval vit de peu, & l'expérience prouve qu'on doit le comparer pour le fond & la

---

encore quelquefois la beauté fupérieure où ils parvenoient jadis dans la plupart de nos provinces.

La longue chaîne des Pyrénées, du Rouffillon à la Navarre, le Dauphiné, le Charolois, le Morvan, la Franche-Comté, la Touraine, l'Anjou, le Poitou, la Bretagne, l'Auvergne, plufieurs autres provinces feptentrionales, fourniffent encore de nos jours des Chevaux très-bons.

On voit communément dans ces provinces des Chevaux d'une mince apparence, faire 20 , 25 , 30 lieues dans un jour, & plufieurs jours de fuite.

viteſſe aux Chevaux étrangers, remarquables par ces qualités.

Le Cheval de la Navarre nous flatte par l'harmonie de ſes mouvemens : on reconnoît de la nobleſſe & de la dignité dans ſes formes; il eſt ſolide, il eſt ſain, il eſt robuſte, il a le fond néceſſaire pour le voyage, pour la guerre : ſouvent il nous dédommage du Cheval d'Eſpagne.

De l'aveu des hommes conſommés dans l'expérience de l'exercice du Cheval, les Chevaux de France, qui ont autant de fond & de viteſſe que les Chevaux étrangers auxquels on peut les aſſimiler, ont plus de liant & plus de ſoupleſſe que ces derniers ; ils conſervent plus long-temps que ces Chevaux le degré de perfection où ils arrivent ; on le retrouve en eux dans un âge très-avancé, & ils perdent à la fois la force, la ſoupleſſe, & le feu de la vie.

Quelque grands que ſoient ces avantages, il eſt cependant certain, & l'expérience le démontre à tous les inſtans, que les Chevaux de France que nous pouvons citer comme ayant le plus de qualités, ne poſſèdent généralement pas celles dont ils ſont doués, au point où les réuniſſent les Chevaux célèbres des pays circonvoifins, tels, par exemple, que les Chevaux d'Angleterre, que nous leur préférons communément ; & nos meilleurs Chevaux, comparés à ceux de courfe, très-fupérieurs eux-mêmes à tous les autres Chevaux Anglois les plus parfaits, font donc bien éloignés de la perfection intrinsèque que comporte la nature du Cheval, & ils ne forment que des Chevaux très - ordinaires.

Une auffi grande différence entre des animaux d'une même efpèce, a porté parmi nous plufieurs perfonnes à penfer que les Chevaux de courfe étoient d'une nature particulière, & que la fupériorité des Chevaux Anglois de chaffe, ainfi que des autres Chevaux preférables aux nôtres, étoit dûe à l'influence du climat, influence plus favorable à l'éducation du Cheval que celui de France ; *que dès-lors toute tentative pour perfectionner cet animal dans le royaume , au - delà du point où nous l'obtenons actuellement , feroit infructueufe & inutile.*

Des affertions fi décourageantes interdiroient toute forte d'examen , fi , établies fur des obfervations exactes, des expériences répétées, fi, foumifes à des décifions févères, elles étoient confacrées par les délibérations impartiales de la raifon ; mais rien ne prouve encore qu'elles foient appuyées fur une bafe auffi folide.

Pour renoncer à toute qualité innée, comme caufe de la fupériorité du Cheval Anglois, de quelque efpèce qu'il foit, il fuffit de comparer ces Chevaux entre eux dans leur conformation extérieure, & de les comparer avec ceux de France, les plus beaux & les meilleurs.

Ces Chevaux ont une ftructure plus per-fectionnée, des difpofitions mécaniques plus avantageufes pour produire de puiffans efforts ; les formes extérieures, qui font des indices des qualités qu'ils ont en partage, offrent un carac-tère de perfection d'autant plus grand, que ces qualités font plus éminentes. Ainfi, la mefure perceptible des moyens étant la mefure des réfultats, les Chevaux les mieux conftruits font auffi les meilleurs.

C'eft dans les Chevaux de race du premier ordre, c'eft en comparant *l'Éclipfe*, *Regulus*, *High-flyer*, *Rockingham*, qu'il faudroit s'affurer que leur fupériorité eft dûe à la plus grande perfection des moyens. Ces Chevaux ont un enfemble plus fvelte, & néanmoins d'une plus riche apparence que tous ceux auxquels on oferoit les comparer ; des contours plus flatteurs, & cependant des formes prononcées avec un caractère de force qui étonne : & s'il eſt vrai, comme on le croit communément, que l'uſage auquel on conſacre ces animaux, prouve, de la manière la moins équivoque, la réunion de la plus grande force & de la plus grande énergie, il demeurera certain, ſans nous appuyer ſur d'autres exemples, que les diſpoſitions mécaniques les plus parfaites, ſont le principe apparent de toutes les qualités que nous recherchons dans le Cheval, lorſque d'ailleurs il eſt ſain ; & que les Chevaux étrangers, ſupérieurs aux Chevaux de France, doivent cet avantage à une ſtructure plus perfectionnée.

Il eſt auſſi peu raiſonnable d'attribuer à l'influence du climat, la ſupériorité des Chevaux Anglois, que d'en rechercher la ſource dans les qualités innées.

J'obſerverai cependant ici, qu'en rejetant les effets de cette influence, je ne prétends pas parler de celle qui ſe manifeſte d'une manière ſi frappante ſur toutes les productions de la nature, & à laquelle l'homme même eſt ſi ſévèrement ſoumis. Je ſais qu'il eſt entre les Chevaux des différences qui dépendent eſſentiellement du ciel, des lieux, de royaume à royaume, de province à province, de canton à canton : les montagnes fourniſſent ſouvent des

Chevaux plus robuſtes, plus hardis que ceux qui naiſſent dans les plaines qui ſont à leurs pieds ; les Chevaux des lieux ſecs ſont plus ſains, moins grands que ceux des pays marécageux ; enfin, ſans admettre des qualités occultes, l'influence que je reconnois eſt ſubordonnée aux loix de la ſaine phyſique, & s'explique par elle. Mais qu'une force de climat incalculable produiſe eſſen-tiellement les différences extrêmes qui exiſtent entre ces Chevaux & les meilleurs Chevaux de France qu'on peut leur comparer, voilà ce que je crois impoſſible, & il me ſera facile de le démontrer juſqu'à l'évidence.

Citons encore à cet effet les Chevaux d'Angleterre, dont la connoiſſance nous eſt ſi familière.

On voit dans cette île des Chevaux très-ordinaires, de pareils même à nos Chevaux communs ; mais les meilleurs d'entre eux diffèrent tellement de ceux que nous en retirons, que ces derniers paroiſſent être un genre totalement diſſemblable.

Il ſeroit difficile, peut-être ſeroit-il impoſ-ſible de découvrir la cauſe de cette diſſemblance, ſi les Anglois ne conſervoient à quelques égards l'hiſtoire de leurs Chevaux, & ſi des provinces entières ne poſſédoient encore l'eſpèce indigène.

Du nombre de ces provinces, est le comté de Suffolk, où se perpétuent sans mélange des Chevaux de trait & de selle ; je ne puis mieux comparer ces derniers, qu'aux Chevaux Normands, que nous nommons *Bidets d'allure* ; &, comme eux, ils suffisent à des marches journalières de 25, 30 & même 36 lieues. Les Chevaux de trait sont parfaitement adaptés par leur structure à ce genre de service ; deux de ces animaux suffisent dans toute la province aux labours les plus durs.

C'est auprès de ce Comté, dans les plaines arides de Newmarket, distantes de Bury, sa capitale, de quelques milles seulement, que les Chevaux de course les plus fameux arrivent à trente mois ; c'est dans ces plaines que se fait l'éducation de ces coursiers : ils y passent le plus souvent la plus grande partie de leur vie, & on les y conserve jusqu'à une grande vieillesse.

C'est encore aux environs de Newmarket que sont engendrés la plupart de ces animaux : ils y reçoivent les premiers soins ; & non-seulement les préjugés qui ont dominé long-temps en Angleterre, que les comtés du Nord étoient les seuls favorables à la multiplication & à l'éducation du Cheval de course, n'existent plus, mais on n'a même aujourd'hui aucun égard au local, pour établir le lieu de leur propagation, & pour les premières années de leur vie. Ces animaux naiſſent dans des parties ſèches & élevées, dans des plaines médiocrement fertiles. *High-flyer* eſt à Hely, au milieu des marais du Cambridge ; *Membrino, Potetoes,* ſont auſſi dans les parties aquatiques de cette province, & l'Arabe *Chyleby* habite depuis vingt ans les campagnes humides de l'Eſſex.

· Puiſque des cauſes abſtraites ne ſont pas le principe auquel nous devons attribuer la ſtructure parfaite qui eſt la ſource de la ſupériorité des Chevaux Anglois, quelle eſt donc cette cauſe ſi puiſſante !

Étudions encore la nation dont nous venons de prendre nos exemples.

Les Chevaux du premier ordre en Angleterre, ſont le produit des Chevaux d'Arabie, aſſociés aux jumens Angloiſes les plus parfaites ; c'eſt par l'alliance immédiate de ces produits ſupérieurs avec des jumens d'une claſſe inférieure aux premières, que les Anglois obtiennent ceux de chaſſe, ſi baux, ſi fiers, ſi vigoureux ; & c'eſt enfin d'une liaiſon plus éloignée avec ces mêmes animaux iſſus des chevaux d'Arabie, que proviennent les autres efpèces moins précieufes que nous tirons d'Angleterre.

Ainfi les Chevaux Arabes étant les mieux proportionnés, les plus fains, les plus heureufement conftitués, les plus vigoureux des Chevaux connus, c'eft à des efpèces plus parfaites que celles indigènes d'Angleterre, que les Anglois doivent & leurs Chevaux de courfe, & toutes les autres efpèces qui en dérivent.

Mais ces foins ne font pas les feuls, & les attentions accordées à l'éducation, contribuent puiffamment encore à la perfection où ces animaux parviennent.

Des abris commodes & fains, des pâturages choifis, des alimens fecs bien confervés, ont également pour objet la mère & fa progéniture.

Le jeune animal reçoit bientôt des foins plus étendus : une propreté recherchée, une température falutaire, un repos fans inquiétude, un exercice doux, réglé, gradué, une charge légère, favorifent le développement de fes forces, & ne dérangent en rien le travail de l'accroiffement. Tel eft même le pouvoir de tous ces moyens de perfection, que l'oubli de quelques-uns d'eux produit des altérations

funeftes, & que par leur emploi, on triomphe
des effets de la température ainfi que de la
force dominante du climat.

Les autres nations qui pofsèdent des Chevaux diftingués, nous offrent les mêmes
caufes & de femblables réfultats.

Les Efpagnols préparent leurs Chevaux,
jufqu'à l'âge de fept ans, aux travaux qu'ils
exigent : par cette précaution importante, ils
fuppléent au peu de foins qu'ils donnent en
général à la propagation de ces animaux.

Les Danois, les Allemands pofsèdent des
haras, dont ils perpétuent les efpèces, &
dont ils élèvent les produits foigneufement.

Les Barbes ont auffi des haras, dont les
fouches font Arabes : ils renouvellent ces
fouches fans ceffe ; ils les renouvellent avec
un choix qu'il nous feroit peut-être difficile
d'égaler. Ces Africains font dans une corref-
pondance étroite avec les Arabes, & peut-être
connoiffent-ils mieux les races des Chevaux
d'Arabie, que nous ne connoiffons celles des
Chevaux de courfe Anglois, confignées cependant dans un ouvrage qui s'imprime tous
les deux ans, & qu'il eft facile de fe procurer.

Les Arabes même qui pofsèdent les Chevaux
de felle les plus parfaits, ne doivent-ils qu'au

climat

climat feul, les animaux fupérieurs que nous leur connoiſſons ! Ignore-t-on que la nobleſſe des Arabes, que la prééminence des familles qui ont ce titre, eſt liée à l'ancienneté & à la fupériorité de la race de leurs Chevaux ! Ces peuples Nomades conſtatent les alliances qu'ils font de ces animaux, par des écrits qu'ils fe tranſmettent avec l'animal dont ils atteſtent l'origine, & ils prodiguent à leurs Chevaux les foins les plus parfaits.

Si, perfuadés de la réalité de l'emploi de ces moyens, nous paſſons à l'examen de leur application pour former nos Chevaux, nous découvrirons que non-feulement ces voies méthodiques de propagation font totalement négligées, mais qu'en général on exige des travaux pénibles des Chevaux de l'âge de deux ans & demi à trois ans ; par cette pratique meurtrière, ces jeunes animaux confomment en efforts qui les dégradent, les forces deſtinées par la nature à leur formation. On les laiſſe fouvent encore fouffrir du premier des befoins, de la faim dévorante ; on les expofe à l'intempérie des faifons ; on les jette dans des pâturages qui ne conviennent point à leur conſtitution, & qui leur donnent des ventres énormes fans les nourrir.

C

Qui ignore le peu de foins qu'apportent en général les particuliers dans le choix des jumens qu'ils deftinent à la propagation , & combien ils font éloignés, dans leur pratique, du moindre des moyens néceffaires pour conduire à l'amélioration défirée ! On diroit qu'ils ignorent entièrement quelle eft l'influence des pères & des mères fur leurs productions, comment, dès-lors, les qualités des uns & des autres fe perpétuent, comment elles s'anéantiffent, & comment & pourquoi les efpèces dégénèrent ; par quelle raifon , par quelle méthode les Chevaux Arabes, fi fveltes, fi fiers, d'une taille médiocre, d'un naturel fi doux, dont les formes, fouvent fans grâces, font toutes confacrées à la difpofition d'une charpente folide , ces chevaux Arabes, fi négligés parmi nous, fourniffent néanmoins les efpèces précieufes des Chevaux Anglois, que nous recherchons avec avidité, & dont, *Gimerack* feul excepté dans la claffe de ceux du premier ordre , nous n'avons jamais eu que des médiocres.

Ainfi, dans tous les pays qui poffèdent des Chevaux fupérieurs , ces animaux doivent la perfection où ils arrivent à des méthodes de propagation & d'éducation plus ou moins parfaites, il eſt vrai, mais généralement avantageuſes.

Ainſi, je crois vrai de dire avec Varron : « Le choix des ſouches des Chevaux eſt de » la plus grande importance ; que ces nobles » animaux ayent une ſuite nombreuſe d'ayeux » célèbres, c'eſt par cette voie ſeule que ſe » forment les Chevaux fameux, quoiqu'ils » ne ſoyent réputés tels que par les pays où » ils ſont nés. *De ſtirpe magni intereſt quæ* » *ſint, quòd genera ſint multa ; itaque ad hoc* » *nobiles a regionibus dicuntur.* »

. Ainſi les Chevaux de France reſtent fort au-deſſous de ce qu'ils devroient être, parce que nous les privons de tous les avantages qui réſultent du choix à apporter pour en purifier l'origine, & des ſecours que procure une éducation raiſonnée, & propre à aſſurer le développement de leurs facultés.

I I.

Moyens d'amélioration.

Pourquoi, favoriſés des avantages néceſſaires pour ſe livrer avec ſuccès à la multiplication du Cheval, négligeons-nous l'emploi des moyens ſans leſquels il ne parvient jamais à la perfection qu'on y recherche ! Pourquoi, paſſionnés pour les jouiſſances que nous procure cet animal précieux, faiſons-nous ſans ceſſe des ſacrifices énormes pour l'acquérir chez nos voiſins, & pour le conſerver dès qu'il nous eſt utile, au lieu de le créer nous-mêmes à moins de frais, &, l'obtenant alors aclimaté par ſon origine, l'avoir d'un ſervice plus agréable, plus ſûr & plus durable ! Pourquoi n'imitons - nous pas ces voiſins, en mettant une ſorte de gloire, d'orgueil même, à perfectionner nos propres Chevaux, à les préférer pour nos uſages ; & pourquoi, prenant encore plus exactement pour modèles ces mêmes voiſins dans ce qu'ils nous offrent de bon à imiter, ne faiſons-nous pas ſeulement de grandes dépenſes pour nous procurer chez eux les meilleurs Chevaux, à l'effet de les perpétuer dans nos provinces, & d'en régénérer les eſpèces ! Ces pratiques amèneroient parmi nous l'abondance des Chevaux ſupérieurs dûs à notre ſol ; nous égalerions nos modèles, peut-être même les ſurpaſſerions-nous dans ce genre d'induſtrie, ainſi que nous le faiſons déjà dans quelques autres avec tant d'avantages.

Qui nous empêche de ſuivre des projets d'une exécution ſi facile ! Si c'eſt le défaut de principes, ce à quoi j'ai peu de croyance, les ouvrages lumineux que nous avons en France fur cette partie des connoiffances , leveroient bientôt ce léger obftacle, & l'expérience que donneroit la pratique des premières années, apprendroit en peu de temps s'il faut prendre ces ouvrages pour guide, ou fi nous devons les rejeter. Eft-ce la défiance qu'infpire l'incertitude du fuccès ? Si, pour raffurer fur ce point, les exemples que je viens de donner ne fuffifoient pas, il feroit facile d'en accumuler d'autres, & de les appuyer de preuves péremptoires , en citant les tentatives heureufes de plufieurs particuliers , que le fpeétacle décourageant de l'abandon général n'a point entraînés, & qui, prévoyant que leurs efforts ne feroient point infruétueux, ont réellement obtenu des Chevaux très - fupérieurs dès leurs premiers effais. J'oppoferois à ces craintes les follicitudes du Gouvernement, qui, pour repeupler nos campagnes de produétions diftinguées, y a répandu avec fuccès un grand nombre d'étalons fupérieurs, & j'en développerois les heureux effets dans la province de Normandie. Eft-ce enfin l'obligation de fournir à de grandes avances pour commencer un établiffement confacré à la propagation ainfi qu'à l'éducation du Cheval, & la crainte des rifques auxquels expofe la poffeffion des animaux ?

C iij

Quelle que foit la caufe de l'oubli de nos véritables intérêts fur ce point, il me femble qu'un des moyens les plus faciles & les plus prompts de ranimer parmi nous l'émulation générale que devroient exciter ces intérêts, & de lui donner l'énergie dont elle a befoin pour produire de puiffans efforts, feroit de travailler en commun au changement à produire, & de former à ce deffein une Affociation qui auroit pour objet l'amélioration du Cheval.

Cette Affociation réuniroit les diverfes conditions également néceffaires pour opérer l'amélioration à effectuer, fi, occupée effentiellement de la multiplication du Cheval, elle procédoit en même temps avec méthode à la pratique des voies qui, fous tous les rapports, peuvent le perfectionner ; fi elle leur donnoit l'évidence qu'elles comportent, & la plus grande publicité ; & fi, faifant dépendre du fuccès de ces mêmes moyens, les avantages que doit efpérer chaque membre de l'Affociation, ces membres, raffemblés par goût, étoient liés à cet effet par tous les motifs capables de captiver fous l'appât de l'intérêt particulier.

Pour atteindre ce but, & réunir un concours de circonftances fi favorables à la perfection du Cheval, on feroit choix d'étalons indigènes ou étrangers, & de cavales de la plus belle conformation ; on conftateroit les qualités des uns & des autres par des épreuves fuffifantes ;

On procéderoit à l'alliance de ces animaux fuivant les principes reconnus, par un examen approfondi, les plus certains & les plus favorables pour obtenir de belles productions.

On conftateroit ces alliances ;

On conftateroit la naiffance des poulains ;

On régleroit le régime des jeunes animaux ;

On fuivroit leur éducation avec méthode.

Ces animaux, parvenus à l'âge où ils ont acquis le degré de force qui peut faire juger de ce qu'ils doivent être un jour, feroient éprouvés à leur tour, comme l'ont été les pères & les mères qui les ont produits.

Pour mettre à profit un ordre de chofes le plus propre aux progrès de la fcience du Cheval, on s'attacheroit à reconnoître la certitude ou l'infuffifance des règles propofées jufqu'à ce jour, en conftatant les réfultats de celles qu'on auroit fuivies : on tiendroit pour cela un Journal des pratiques dont on feroit ufage : on noteroit fcrupuleufement toutes les différences obfervées dans les tempéramens, le naturel, la force des élèves, &c. &c.

Il feroit même néceffaire, afin de ne rien

laisser à désirer sur ce point, d'avoir les portraits des animaux mis en expérience.

En comparant, à l'aide de ces représentations
fidelles, les pères & les mères à leurs productions,
on établiroit des principes certains sur ce qu'on
nomme croisement des races.

En comparant les uns aux autres les portraits du même poulain, faits dans les diverses
périodes de sa vie, & pris dans celle où il
éprouve des changemens sensibles dans la pro-
portion & la configuration des parties, dans
l'habitude, dans le naturel, on parviendroit à
juger par l'état actuel d'un poulain, de celui
où il sera lors de sa parfaite formation ; & cette
connoissance, soumise par ce moyen à des
règles sûres, deviendroit de la plus grande
importance.

Ces voies certaines d'instruction fixeroient
successivement nos idées sur les caractères
propres aux Chevaux de France, sur le pouvoir
de l'influence locale ; elles nous conduiroient
à des notions plus précises que celles qui
sont généralement répandues sur la perfection
du Cheval, c'est-à-dire, sur la véritable beauté,
réunie à la bonté.

Sous ce dernier point de vue, elles ajou-
teroient sans doute beaucoup aux lumières

actuelles fur la branche de la fcience dont il s'agit, branche connue fous la dénomination de *connoiffance extérieure du Cheval.*

Néanmoins, cette dernière connoiffance, acquife & perfectionnée par ces feuls moyens, ne feroit que bien imparfaite, & elle laifferoit toujours dans l'impoffibilité de prononcer avec fondement fur la convenance de la beauté avec la bonté.

Les écrits qui exiftent fur cette partie de la fcience du Cheval, fupléeroient, il eft vrai, comme ils le font de nos jours, à ce que ces moyens ont d'imparfait en eux-mêmes ; mais, ainfi que tous les livres defcrip-tifs, ils inftruifent difficilement dès qu'on n'a pas fous les yeux la foule des objets qu'ils décrivent ; & nous négligeons, nous rejetons fouvent ces moyens d'inftruction lorfqu'ils font feuls.

Pour lever ces inconvéniens, on expoferoit dans un ordre convenable les pièces d'ana-tomie propres à donner une connoiffance exacte de la charpente du Cheval , des cordes mobiles qui exécutent tous les mouvemens dont il eft fufceptible. Il feroit avantageux d'y joindre des boffes moulées fur nature , afin de conferver une repréfentation vraie des formes naturelles remarquables des animaux qui meurent. Par ce concours de moyens, qui fe concilient, on feroit fans ceffe & fans efforts la comparaifon du mécanifme intérieur avec l'apparence extérieure. Plufieurs des boffes dont je viens de parler, ferviroient à tracer le mécanifme des différentes allures, des temps divers qu'il faut y reconnoître, & des tranfitions de ces allures de l'une à l'autre.

Il feroit auffi important d'y joindre une hiftoire complette de tout ce qui eft relatif à l'âge, à la forme des pieds, aux aplombs, aux différentes formes de fers, &c.

Inftruits, par la vue de ces objets, des raifons & des avantages de la ftruclure du Cheval, il feroit aifé de faire une heureufe application fur l'animal vivant, de tous les principes qu'on auroit acquis par les voies artificielles dont je viens de parler, & d'achever, par ce dernier fecours, de fe perfectionner dans la connoiffance extérieure de l'animal qui fixe notre attention.

Il ne feroit pas moins effentiel, pour affurer les progrès de tout genre de la fcience qui fait le fujet de notre examen, de foumettre à des obfervations exactes, tout ce qui, indépendamment des objets que nous venons d'envifager, eft encore relatif à la confervation

du Cheval, & que les amateurs ou propriétaires de Chevaux doivent connoître.

Nous n'avons à bien des égards, fur plufieurs
de ces objets, que des notions indécifes &
des données incertaines. Il n'exifte en effet
qu'une forte de routine fur plufieurs moyens
de tirer parti du Cheval, fur la nature & les
avantages des aides propres à le déterminer ou
à le retenir, fur la forme la plus commode des
machines à lui adapter, les poids qu'on veut
lui faire porter ou tirer, tels que les felles,
les harnois, les trains de voiture, &c. Aucune
de ces machines en ufage parmi nous, ou qui
exiftent chez l'étranger, n'a été foumife à
l'examen rigoureux dont elles font fufceptibles
fous ce point de vue, & cet examen eft
pourtant néceffaire pour établir & démontrer
les raifons de préférence ou d'exclufion. On
pourroit faire des réflexions femblables fur les
méthodes de foigner, de nourrir les animaux;
car la variété, les différences extrêmes des
opinions & des ufages fur cette bafe effentielle
de la confervation du Cheval, en font une
preuve fans réplique.

On raffembleroit donc à cet effet tout ce qui
eft relatif aux mors, aux harnois, aux trains de
voiture, les machines fûres & faciles pour appré-

cier les avantages & les inconvéniens des uns & des autres ; enfin, ce qui est écrit sur la connoissance du Cheval, sur sa propagation, sa conservation. La culture des plantes fourrageuses graminées servant à sa nourriture. Des montres de ces substances, formant les nourritures de l'année, accompagnées de réflexions propres à diriger dans leur usage, feroient partie de cette collection, & la completteroient.

Cet ensemble de choses procureroit l'avantage assez rare de joindre continuellement le précepte à l'exemple.

Les choses destinées à l'exposition des principes, seroient placées à la portée des personnes formant l'Association, & exposées à la curiosité publique ; il conviendroit par cette raison de choisir dans la ville un emplacement pour les y mettre, & d'y faire tous les ans des Cours sur les objets de l'institution.

Il conviendroit d'y établir des assemblées régulières consacrées aux progrès de la science de l'amélioration du Cheval, dans lesquelles chacun proposeroit ses idées, ses inventions, ses expériences. Ces assemblées réuniroient pour la première fois toutes les personnes qui s'occupent du Cheval, tels que les écuyers, les grands propriétaires de Chevaux, ceux qui se livrent à la multiplication de cet animal, & qui, faute de moyen ou de lieu propre à se rassembler, se connoissent souvent à peine, & par cette raison les lumières de plusieurs sont perdues pour la Société.

La propagation, l'éducation du Cheval exigeant un local spacieux, des pâturages, il seroit dans la campagne, mais assez près de la ville pour qu'il fût très-aisé de s'y transporter.

On composeroit ce dernier établissement dès son principe, d'un nombre suffisant d'étalons & de jumens, on éleveroit leurs produits jusqu'à 5 ans.

Pour augmenter successivement le nombre des étalons & des cavales, on réserveroit ceux des élèves éprouvés qui seroient les meilleurs; on joindroit aux premiers des mâles étrangers, tels que des Arabes, des Chevaux de course d'un ordre supérieur, des Chevaux de Hongrie, de Tartarie, &c.

Les étalons étrangers qui auroient produit les Chevaux les plus parfaits, seroient dits, ainsi que ces derniers, *étalons de souche* ou *du premier ordre;* les Chevaux inférieurs à ceux-ci, seroient du *second ordre;* les mâles moindres que ces derniers, seroient dits, *étalons du troisième ordre.*

L'épreuve des animaux, la pratique de leur éducation seroient publics, & le journal qu'on en tiendroit, seroit publié à des époques déterminées.

I I I.

Plan d'Association.

Le détail des moyens que je viens d'expoſer, ne peut avoir lieu qu'avec des dépenſes que chaque particulier, par lui-même, ne ſeroit peut-être pas en état de faire, & l'Aſſociation que je propoſe en levroit l'obſtacle.

La manière la plus juſte d'y faire coopérer chaque membre, me paroit être une ſouſcription, qui aſſureroit l'entretien des établiſſemens au-delà du terme pour lequel elle ſeroit fixée, ou qui l'aſſureroit à perpétuité.

Celle que je choiſis auroit lieu pendant neuf ans conſécutifs, & conſiſteroit en une ſomme déterminée. Cette ſomme fournie pendant l'eſpace de temps déſigné, ſeroit conſervée pour chaque ſouſcripteur, & ſuffiroit pour entretenir l'éta-bliſſement à perpétuité.

Je porte la ſomme totale de la ſouſcription à *douze cent vingt-quatre livres*, qui, fournie en neuf termes, donne ſix louis pour chacune des huit premières années, & trois louis pour la dernière.

En ſuppoſant cinq cens ſouſcripteurs, il

réfulte pour les huit premières années, la
fomme de.................... 576,000 ℔
Et pour la neuvième & dernière
année, la fomme de......... 36,000.

TOTAL......, 612,000 ℔

On prendroit fur les foufcriptions de chaque
année, les fonds néceffaires pour les dépenfes
courantes de l'année, & le furplus feroit placé
pour en avoir un intérêt que j'eftime à cinq
pour cent.

Il eft difficile fans doute, pour ne pas dire
impoffible, d'eftimer d'avance avec exactitude,
toutes les dépenfes à faire pour établir, entretenir,
porter à leur perfection les établiffemens dont
il s'agit; on ne peut offrir que des aperçus:
dans celui que je mets fous les yeux, je porte
chaque objet à un terme moyen, & je me
borne à ce qui eft indifpenfable.

Comme il fera avantageux de faire dans la
fuite l'acquifition de l'emplacement de la campagne, je pofe ici la valeur de cette acquifition, que je porte à quarante mille livres,
ci....................... 40,000 ℔
J'eftime le loyer de la maifon à fe procurer
en ville à douze cens livres, & j'en réferve le

capital , dont l'intérêt à 5 pour cent , forme celle de vingt-quatre mille livres , ci.... 24,000 ₶

J'évalue ainsi qu'il suit les dépenses nécessaires pour former & completter pour ainsi dire la collection & l'établissement de la ville.

SAVOIR,

Livres formant la Bibliothèque..	3,000 ₶
Selles de toutes les formes , Mors de toute espèce , &c...........	3,000
Préparations anatomiques, Plâtres, &c....................	3,000
Trains de voiture , Instrumens de démonstration..............	4,000
Gravures des Chevaux existans	1,000
Choses non prévues.........	1,000

TOTAL........ 15,000 ₶

Je passe à l'établissement de la campagne.

Je pose pour l'achat de trois étalons & de quatre jumens , vingt - quatre mille livres, ci (1)................... 24,000

____

(1) Si on veut se procurer d'abord deux étalons Arabes , il faudra sans doute une somme plus forte que celle que je fixe.

Estimons ces Chevaux Arabes le prix qu'ont été vendus

Considérons

Confidérons à préfent les dépenfes annuelles, les établiffemens étant complets.

Évaluant à deux poulains par année le produit de quatre jumens, & les poulains étant élevés

---

ceux qui étoient à Paris dernièrement, favoir, 20,000.ˡ, il ne reftera que 4,000.ˡ pour l'achat du troifième étalon & des quatre jumens; cette fomme feroit infuffifante, & pour pouvoir choifir de beaux animaux, il feroit indif-penfable de la porter à 12,000 liv. ce qui feroit 8,000 liv. à ajouter : on verra par la fuite que cela eft poffible.

J'obferverai par rapport à la fomme que je viens de pofer pour les Chevaux Arabes, que fi on vouloi fe procurer des Chevaux de courfe éprouvés & de première race, il faudroit pofer une fomme au moins auffi for e pour un feul.

J'obferverai de plus qu'il n'eft pas probable que ces Chevaux Arabes reviennent à un fi haut prix ; je ne doute pas qu'en envoyant en Arabie un homme intelligent, qui auroit déjà fait des voyages femblables, & qui préalablement fe connoîtroit parfaitement en Chevaux, il n'amenât peut-être quatre ou cinq de ces animaux pour la fomme énoncée.

Il faudroit que cet homme s'enfonçât au-delà des déferts, & qu'il choisît des Chevaux des montagnes. Ils font réputés les meilleurs : *Bay-Brun*, un des Chevaux Arabes les plus fameux qu'ait eu l'Angleterre, étoit de cette partie de l'Arabie. On foupçonne que l'Arabe *Godolphin*, que les Anglois ont acquis en France par hafard, & dont ils ont ignoré les qualités pendant long-temps, étoit auffi de la partie montagnéufe de l'Arabie ; au refte, ce Godolphin eft jufqu'à ce jour le plus parfait des Chevaux d'Arabie qu'ayent eu les Anglois.

D

(50)

jufqu'à l'âge de 5 ans , il en réfulte, y compris ces quatre jumens & les trois étalons, dix-fept animaux à nourrir.

J'eftime de la manière fuivante, à raifon de cette compofition , les dépenfes annuelles de l'établiffement de la campagne, faites avec ordre & économie.

Trois étalons, à 400 livres.... 1,200 ₶
Quatre jumens, à 350 livres ... 1,400.
Deux poulains, 1.re année..... 200.
Deux *dito*, 2.me année....... 300.
Deux *dito*, 3.me année....... 600.
Deux *dito*, 4.me année....... 700.
Deux *dito*, 5.me année à 400 l. 800.
Deux hommes............ 1,200.
Lumières & autres objets..... 1,000.

TOTAL......... 7,400 ₶

Je porte les dépenfes annuelles de la ville , les frais d'adminiftration & autres, à 2,500 liv.

Ajoutons à ces dépenfes celles qui réfultent de l'augmentation fucceffive du nombre des étalons.

Je porte ce nombre à quinze , y compris ceux acquis , afin que chaque foufcripteur puiffe faire couvrir une jument par l'un d'eux.

Ainſi , pour douze étalons & deux hommes pour les garder. . . . . 6,000.[1]

Ce ſeroit ici le lieu de porter en dépenſe l'acquiſition des étalons étrangers, les produits du haras qu'on réſerveroit pour ſervir d'étalon ou de jument poulinière ; mais les variétés auxquelles ces dépenſes feront expoſées , s'oppoſent à toute eſtimation juſte à cet égard , & il ſuffira de montrer dans la ſuite de cet aperçu qu'on y a pourvu.

On devroit, par la même raiſon, mettre au nombre des objets de recette , la vente des animaux produits dans l'établiſſement de la campagne , dont on ſeroit forcé de ſe défaire. Mais j'obſerverai ſur ce point qu'il me paroît plus convenable de les diſtribuer au ſort entre MM. les ſouſcripteurs.

Nous ſuppoſerons à cet effet le nombre des produits conſtamment le même chaque année.

Nous ſuppoſerons auſſi la diſtribution de tous les produits.

Nous ſuppoſerons encore l'augmentation des jumens néceſſaire pour fournir le nombre des produits qu'il me paroît poſſible de diſtribuer dans la ſuite ; & pour ſuppléer au manque des élèves de l'établiſſement, à raiſon de la ſtérilité des jumens ou d'autres cauſes ; nous

D ij

créons une somme équivalente à leur valeur intrinsèque la plus ordinaire.

J'estime chacun de ces Chevaux mille livres ; je porte un lot pour cent souscripteurs, ainsi je réserve une somme de cinq mille livres à cet effet.

Afin de concourir autant qu'il sera possible à la perfection de l'un des points les plus es-sentiels de l'institution, qui est la multiplication des Chevaux distingués, la somme dont il s'agit sera consacrée à acquérir des jumens de France propres à être poulinières, qui remplaceront les produits du haras lorsque ceux-ci manqueront.

J'observe que ces produits du haras devant être gardés jusqu'à cinq ans, on seroit seulement en droit d'exiger la répartition que je propose dans le courant de la septième année.

Afin d'obvier à cette difficulté, & de rapprocher autant qu'il est possible le moment de la jouissance de l'avantage dont il s'agit, il me paroîtroit juste de réduire chaque lot pendant les cinq premières années, à la moitié de la somme à laquelle nous l'avons porté, & de le distribuer dans ce cas en argent : on remplaceroit successivement ces demi-lots par des lots entiers, à commencer de la sixième année, en substituant chaque année à un demi-lot, un lot entier représenté par un produit du haras ou une cavale. Ces derniers lots feroient tous établis, par cette marche , à la dixième année, & fe continueroient ainfi à perpétuité.

Ainfi , fans avoir égard à la réduction momentanée dont je viens de parler , je porte en dépenfe pour cinq lots de mille livres . . . . 5,000.[1]

Les dépenfes annuelles des établiffemens, telles que je viens de les difpofer, s'élevront donc à la fomme de. . . . . 20,900. *

Paffons au régime à fuivre pour fournir à ces dépenfes avec le produit de la foufcription que je propofe.

Les dépenfes annuelles ne doivent s'élever que peu-à-peu à la fomme où je les porte. Dans les premières années elles feront néceffairement peu confidérables , puifque la collection à placer dans la Capitale ne peut fe faire que peu-à-peu , puifque le haras ne peut fe former & fe completter que fucceffivement.

Je puis par cette raifon eftimer les dépenfes annuelles de la campagne , non compris les douze étalons à ajouter , à 3,500.[1] pour les fix premières années , ce qui forme un total de. . . . . 27,000 *

(54)

De l'autre part . . . .   27,000 ₶

Celles des trois fuivantes à raifon de 7,400.[1]   22,200

Je porte les dépenfes de la ville à 1,500.[1] pour les fix 1.res années , & à 2,500 pour les trois fuivantes , ci . . . .   17,000.

Les cinq lots des cinq 1.res années à 2,500.[1] . . . .   12,500.

Les cinq lots pour les trois années fuivantes à raifon de l'aug-mentation progreffive . . . .   15,000.

Ajoutons :

Les fommes deftinées pour l'acquifition , favoir :

Emplacemens . . . .   64,000.

La collection de la ville, l'achat des animaux , &c . . . .   39,000.

T O T A L . . . . .196,700 ₶

Nous avons par l'addition de toutes ces fommes, un total de 196,000 livres, auquel s'élèvent toutes les dépenfes à faire pendant les neuf premières années.

Pour former cette fomme , on prélevera

chaque année du total de la foufcription, ce qui fera néceffaire pour les dépenfes de l'année, en divifant cette fomme en neuf parties égales : il faudroit réferver tous les ans, 21,855 livres 12 fous 1 denier.

Après la neuvième année, l'Affociation pof- sédera donc un capital de 423,300 livres, non compris les économies de plufieurs efpèces dont le détail nous meneroit trop loin ; ainfi elle jouira certainement à cette époque d'un revenu de 21,165 livres, fuffifant pour fournir à perpétuité aux dépenfes fixes, puifque ces dépenfes s'élèvent à 20,900 livres.

L'Affociation aura de plus les intérêts des fommes réfervées chaque année, avec lefquels on fera l'acquifition des étalons qu'il fera néceffaire d'ajouter à l'établiffement. Cette fomme fervira encore à leur entretien pendant les neuf années ; le furplus de ces intérêts qui n'aura pas été confommé par des objets de dépenfe, fera ajouté au capital.

L'évidence que nous avons jugé indifpen- fable de donner aux moyens pratiqués pour parvenir à l'amélioration propofée, en les ren- dant publics, doit exifter pour l'emploi des fonds.

On formera à cet effet un confeil d'adminif-

tràtion compofé de plufieurs membres de la
fociété ; il y aura des affemblées plus confidérables à certaines époques, pour délibérer
fur des objets d'une plus grande importance.
Enfin le public fera éclairé fur ce point par la
publicité des comptes.

Il réfultera de la première de ces difpofitions,
que la fociété ordonnera fa chofe propre de
la manière la plus certaine & la plus évidente.

Par la publicité , on offrira des données
certaines , & une forte de mefure des avantages
de l'établiffement , qui détermineront à en
former de femblables dans les provinces.

Il eft à défirer que ces feconds établiffemens
ne foient qu'une extenfion de celui de la
Capitale, & l'ouvrage d'une feule Affociation ,
dont les membres nombreux, répandus dans
toute la France , ne feroient étrangers nulle
part ; dès-lors, liés par un intérêt commun, ils
trouveroient leur avantage particulier dans le
bien général & dans la profpérité de tous les
établiffemens.

Je crois que la dépendance naturelle de ces
établiffemens leur feroit très-profitable ; on
s'occuperoit plus particulièrement dans chacun
d'eux de la branche d'amélioration à laquelle
le local les rendroit plus favorables ; on s'atta-

cheroit ici à la propagation ; les poulains paffe-
roient ailleurs les premières années ; dans un
autre , on procéderoit à l'éducation , on fe
communiqueroit les efpèces précieufes , & on
les répandroit également dans tout le royaume.

I V.

Avantages de l'Affociation.

Quoiqu'il me paroiffe facile , d'après l'expofé
que nous venons de faire , de juger des
avantages de l'Affociation dont nous offrons
l'idée , nous ne regardons pas comme inutile
de les raffembler ici.

Ces avantages font de deux efpèces : les
uns ont pour objet l'utilité générale ; les
autres regardent les foufcripteurs.

Ceux qui tournent au bien général font :

1.º La publicité des Journaux de tout ce
qui aura été fait pour la propagation & pour
l'éducation

2.º La publicité des épreuves & des expériences faites dans l'établiffement de la campagne.

3.º La modicité du prix de la foufcription ,
& les avantages particuliers qui y font attachés.
Ce prix eft plus modique qu'il ne le paroît
d'abord ; car quoique la foufcription entière

foit de douze cent vingt-quatre livres, fi on a égard au temps accordé pour fournir cette fomme, & aux intérêts à cinq pour cent des portions qui reftent entre les mains des foufcripteurs, jufqu'à la neuvième année, on trouvera que cette fomme répond à celle de 993.¹ 12.ᶠ fournie la première année ; on voit auffi qu'en adoptant cette dernière forme de foufcription, c'eft-à-dire, en donnant la première année 993.¹ 12.ᶠ, ou, pour éviter toute fraction, la fomme de 1,000.¹ au lieu de celle de 1224.¹ en neuf ans, on parviendroit aux mêmes réfultats qu'avec cette dernière fomme. Il eft facile de s'affurer qu'on fatisferoit aifément à toutes les conditions annoncées avec une fomme de 1200.¹ une fois donnée. Dans cette dernière fuppofition, il feroit poffible de doubler les lots dans la dixième année ou environ; j'aurois préféré ces dernières formes de foufcrire, mais j'ai dû adopter celle qui étoit la plus commode pour le plus grand nombre des foufcripteurs, & par laquelle on fourniroit réellement une fomme moins confidérable.

4.° Le nombre des étalons éprouvés qui feront à la difpofition de l'Affociation, & defquels doit réfulter un très-grand nombre de produits diftingués.

5.° Des données certaines & des règles fûres pour tout ce qui eft relatif à la meilleure manière de faire tirer, porter, d'exciter, de retenir les Chevaux, & l'empire de l'exemple & de la conviction, pour rendre d'un ufage général tout ce qui fera démontré utile pour la confervation du Cheval.

Les avantages de l'Affociation pour les membres qui la compofent, font :

1.° D'avoir continuellement à leur portée, à la faveur de l'établiffement de la Capitale, tous les moyens qui peuvent conduire par principes, de la manière la plus fûre & la plus facile, à la connoiffance extérieure du Cheval. L'expofition de tous les aides, felles, trains, &c. avec des inftrumens propres à en démontrer les avantages & les dangers.

Un livre explicatif de toutes les pièces formant la collection, & qui fera en même temps un livre élémentaire de la connoiffance du Cheval, des foins qu'il exige, des règles de propagation, d'éducation & de confervation.

La poffibilité de confulter à volonté les livres compofant la bibliothèque.

La facilité d'avoir des Cours fur les parties de la fcience auxquelles la collection dont il s'agit fera confacrée.

Des montres des grains & des fourrages propres à nourrir les Chevaux, & en vente dans les différens marchés, avec des observations relatives à leur usage, &c.

Toutes les plantes qui servent à la nourriture du Cheval mises en culture, & l'historique de chacune.

2.° La connoissance la plus détaillée des expériences faites dans l'établissement de la campagne ; la facilité de suivre les animaux qui en sont l'objet, les uns dans les alliances, les autres dans leur développement & leur éducation.

3.° La facilité pour les membres de l'Asso-ciation, d'envoyer dans cet établissement les jeunes Chevaux qu'on désire laisser fortifier, & auxquels il faut un exercice réglé augmenté graduellement ; les Chevaux en haleine qui se perdent dans l'écurie, par l'effet du repos auquel on est forcé de les condamner dans la Capitale.

Ces Chevaux payeroient un prix que les membres de l'Association fixeroient eux-mêmes.

4.° Le don du Journal de toutes les opéra-tions de la campagne. Ce Journal contiendroit les alliances des Chevaux de souche avec des jumens dignes de leur être associées, & tout ce qui seroit relatif à cet objet, &c.

5.° Des notions claires & précifes de toutes les méthodes en ufage dans les différens pays, & même chez les divers particuliers ; méthodes avec lefquelles on en impofe, & qui cependant font quelquefois très-imparfaites ; méthodes qui ne font fouvent que des pratiques les plus ordinaires, mais tenues fecrettes, ou qui, plus fouvent encore, ne font qu'une adroite fupercherie, & le comble du charlatanifme le plus raffiné.

6.° Le pouvoir à chaque foufcripteur de faire couvrir tous les ans une jument par un étalon de l'établiffement. J'ai porté à cet effet le nombre de ces animaux à quinze, pour 500 jumens.

Cet avantage paroîtra important, fi on confidère que tous les étalons font des Chevaux éprouvés de la manière la plus complette & la plus authentique. Mais il réfulte indifpenfablement de la poffibilité de n'accroître que peu-à-peu le nombre des étalons, pour le porter à celui néceffaire, eu égard au nombre des foufcripteurs, que pendant les premières années, les trois étalons achetés dans le principe feront infuffifans pour fournir au droit attribué à chaque foufcripteur.

L'obligation de donner néanmoins dans

une foufcription égale, le même avantage à chaque coopérateur, rendroit impoffible la répartition de ce droit dans les premiers temps, s'il ne me paroiffoit jufte de le faire tourner à l'avantage de la foufcription, en le donnant progreffivement des premiers foufcripteurs à ceux qui les auroient fuivis, & feulement tous les deux ans dans les premières années, ce qui d'ailleurs fuffira dans le principe de l'établiffement. Par cette difpofition, les trois étalons achetés dès le principe, fourniroient un faut de cent jumens chaque année; dès la troifième année on en ajoutera certainement d'autres, & avant la huitième, on fera pourvu de tous ceux néceffaires.

Il refte encore une difficulté non moins réelle & auffi importante que celle à laquelle nous venons de répondre, c'eft celle qui naît de la différence indifpenfable dans la qualité des étalons.

J'ai divifé ces animaux en trois ordres : j'eftime le faut de ceux du premier ordre à fix louis, celui du fecond à quatre, & celui du troifième ordre à deux.

On rendroit cette différence profitable à l'Affociation.

J'eftime le droit attribué à chaque foufcripteur de faire couvrir une jument par année, applicable à un Cheval du troisième ordre.

Pour avoir droit à un étalon du deuxième ordre, on aura pris une double foufcription, ou on tiendra compte à l'Affociation du furplus de l'eftimation du faut accordé pour le droit de la foufcription fimple.

Pour avoir droit à un étalon du premier ordre, il faut être propriétaire d'une triple foufcription ; ou tenir compte de l'augmentation du faut.

L'importance de l'objet de l'établiffement, permet d'efpérer qu'il y aura des *foufcripteurs fondateurs*, & ce titre fera accordé à qui ayant donné une foufcription entière la première année, prendra pour la fuite une triple foufcription.

Les doubles foufcripteurs recevront gratuitement un exemplaire des gravures des portraits d'animaux , des deffins des machines & des pièces quelconques, formant la collection de la Capitale, qu'il fera poffible de multiplier par le moule ou la gravure ; ils auront voix délibérative dans les grandes affemblées d'adminiftration.

Les triples foufcripteurs auront les mêmes avantages que les précédens , & ils feront du comité particulier d'adminiftration.

Les foufcripteurs fondateurs , outre les avantages précédens , jouiront de celui de faire couvrir une jument par année; dès le principe de l'établiſſement, ils auront le titre de *foufcripteurs fondateurs* , & ils pourront difpofer de leur fondation , pour la branche d'amélioration qui méritera le plus particulièrement leur attention.

7.° Une loterie perpétuelle , dont le lot égale le total de la foufcription , & qu'il eſt poſſible de difpofer de manière à former un rembourfement fucceſſif de ce capital, à chaque membre de l'Aſſociation, en n'accordant droit aux lots qu'à ceux qui n'ont pas été favorifés , jufqu'à ce que tous ayent reçu un lot , & ainſi fucceſſivement.

L'efpérance d'ajouter à ces lots , par la fuite & par l'effet de la bonification des fonds de la fociété , d'autres lots que le hafard feul diſtribuera.

Il eſt encore d'autres avantages qu'on pourroit procurer aux membres de l'Aſſociation, mais il eſt inutile de les développer , jufqu'à ce que les circonſtances & furtout les moyens permettent de les exécuter.

8.° Chaque foufcripteur confervera la propriété de fa foufcription , & il pourra en difpofer avec tous les droits qui y font attachés ,

moyennant

moyennant cent livres qu'il payera à la caiſſe de l'établiſſement. Cette ſomme de cent livres ſera deſtinée aux améliorations des établiſſemens, & à créer des prix d'émulation, ainſi qu'à entretenir des étalons dont le ſaut ſeroit gratuit au profit des habitans des campagnes, &c.

9.° Je ne balancerai pas à mettre au nombre des avantages de l'Aſſociation, celui de concourir à l'amélioration propoſée, de l'opérer, de faire le bien général; ce dernier motif, ſi puiſſant quelquefois, ſeroit-il ſans effet pour un des objets les plus eſſentiels de l'économie civique, pour un des objets de nos plus vives jouiſſances!

Eh quoi! cet eſprit aſſez juſte, aſſez pénétrant pour tout atteindre, & ſi propre à nous éclairer ſur tous nos intérêts ; cette organiſation qui découvre, par des dehors heureux, ce caractère ouvert, cette ame noble & généreuſe, objet de l'envie & de l'imitation de tous les peuples, en nous méritant de la part des hommes même qui ont cru avoir plus à ſe plaindre de nous que tous les autres hommes, la qualification de la nation la meilleure, & de la part de tous les ſiècles, celle de la nation la plus aimable, ne nous obtiendront-ils donc jamais le droit d'être regardés ſous tous les rapports, comme la nation la plus conſéquente & la plus parfaite!

Mais que dis-je ! déjà ces défirs fe réalifent au-delà de ce qu'on devoit attendre des qualités qui nous diftinguent, & tous les cœurs font ouverts fans réferve à la voix du patriotifme. Les François vont obéir à des loix qui, par leurs dignes repréfentans, font l'ouvrage de tous. Devenus vraiment Citoyens fous le plus humain des Rois, ils placent dans le bien commun leur bonheur particulier; & en même temps qu'ils forment un peuple libre, ils ne font plus qu'un peuple de frères.

F I N.

www.ingramcontent.com/pod-product-compliance
Lightning Source LLC
LaVergne TN
LVHW021140200726
843510LV00001B/174